BEI GRIN MACHT SICH IHR
WISSEN BEZAHLT

- Wir veröffentlichen Ihre Hausarbeit,
  Bachelor- und Masterarbeit

- Ihr eigenes eBook und Buch -
  weltweit in allen wichtigen Shops

- Verdienen Sie an jedem Verkauf

Jetzt bei www.GRIN.com hochladen und kostenlos publizieren

Bibliografische Information der Deutschen Nationalbibliothek:

Die Deutsche Bibliothek verzeichnet diese Publikation in der Deutschen National-
bibliografie; detaillierte bibliografische Daten sind im Internet über http://dnb.d-
nb.de/ abrufbar.

Impressum:

Copyright © 2010 GRIN Verlag, Open Publishing GmbH
Druck und Bindung: Books on Demand GmbH, Norderstedt Germany
ISBN: 9783640553556

Dieses Buch bei GRIN:

http://www.grin.com/de/e-book/145128/optimierung-mit-fortschritt-spektren-
adaption

Michael Dienst

Optimierung mit Fortschritt Spektren Adaption

Optimization with Progress Spectrum Adaption

GRIN Verlag

GRIN - Your knowledge has value

Der GRIN Verlag publiziert seit 1998 wissenschaftliche Arbeiten von Studenten, Hochschullehrern und anderen Akademikern als eBook und gedrucktes Buch. Die Verlagswebsite www.grin.com ist die ideale Plattform zur Veröffentlichung von Hausarbeiten, Abschlussarbeiten, wissenschaftlichen Aufsätzen, Dissertationen und Fachbüchern.

Besuchen Sie uns im Internet:

http://www.grin.com/

http://www.facebook.com/grincom

http://www.twitter.com/grin_com

Optimierung mit Fortschritt Spektren Adaption, FSA
Optimization with Progress Spectrum Adaption

Beuth Hochschule für Technik Berlin
University of Applied Sciences Berlin, Germany
FB VIII Maschinenbau, Umwelt- und Verfahrenstechnik
BIONIC RESEARCH UNIT
Dipl.-Ing. Michael Dienst
{midienst@beuth-hochschule.de}, http:// www.beuth-hochschule.de

Abstract. Komplexe Simulationsumgebungen, wie die computerunterstützte Strukturanalyse und numerische Strömungssimulation bedürfen robuster, leistungsstarker und gleichzeitig universell einsetzbarer Optimierungsalgorithmen. Soll die Effizienz der Variantenbildung verbessert werden, ist eine möglichst vollständige Evaluation aller Simulationsprozessinformationen von Bedeutung. In der frühen Phase der Strategieentwicklung dienen hochdimensionale Modellfunktionen als Prüfmarken für innovative Verfahrensansätze. Der Aufsatz führt in die algorithmischen Mechanismen einer lokalen Optimierungsstrategie mit adaptiver mutativer Schrittweitenregelung und generationsübergreifender Informationsausnutzung von Simulationsprozessinformationen auf spektraler Ebene ein und diskutiert an ausgewählten Beispielen die Leistungsfähigkeit des Algorithmus unter der Bedingung minimalen Variationsaufwands.

Intro. Bei der Entwicklung von Optimierungsstrategien steht der Einsatz der Algorithmen in komplexen Simulationsumgebungen, wie beispielsweise der Strukturanalyse mit der Methode der Finiten Elemente (FEM) und der computerunterstützten Strömungssimulation (computational fluid dynamics, CFD) im Fokus industrieller Anwender. Im Wissenschaftsbereich allgemein und insbesondere in der Bionikforschung gewinnt das „Physical Modelling" im Sinne computerunterstützter Vorgehensweisen bei der Übertragung biologischer Phänomene in Technik an Bedeutung [Die-09-2]. Darüber hinaus bleibt in der Optimierungspraxis die Berechnungszeit kritische Größe bei der Strukturanalyse und der Strömungssimulation. Ein übergeordnetes Forschungsziel ist daher, die Reduzierung der Anzahl relevanter Simulations-Funktionsaufrufe. Bei Algorithmen zur lokalen Untersuchung einer komplexen Qualitätslandschaft ist die Größe des Variantenensembles das einen Fortschritt in der Entwicklung der Objektvariablen der Optimierungsaufgabe hervorbringt, von strategischem Einfluss. Um für die industrielle Optimierungspraxis überhaupt interessant zu sein, ist die Anzahl von Variationen um einen temporären (Best-) Zustand herum zu minimieren.
Die Entwicklung effizienter Optimierungsstrategien für Programmsysteme zur Simulation komplexer Systeme und Prozesse ist Gegenstand rezenter Forschung der Bionic Research Unit der Beuth Hochschule für Technik, Berlin [Die-05][Die-06][Die-07][Die09-8].

Lokale Suche. In der Entwicklung von Optimierungsstrategien für komplexe hochdimensionale Qualitätenräume stellen lokale Suchalgorithmen mit generationsübergreifender Informations-ausnutzung den gegenwärtigen Höhepunkt der Entwicklung dar [Ost-97][Han-98][Rec-94][Schw-95]. Der Deklarations- und Datenaufwand derartiger Verfahren wächst etwa beim Richtungslernen (Schwefel) und der Präteritum- Strategie (Rechenberg) linear, bei der „Covarianz-Matrix-Adaption, CMA" (Hansen) quadratisch und bei der „Erzeugendensystem-Adaption, ESA" (Ostermeier) kubisch mit der Dimension der Optimierungsaufgabe. Zu den robustesten und leistungsfähigsten lokal arbeitenden Optimierungsstrategien gehören die Evolutionären Algorithmen: Genetischen Algorithmen (GA) und die Evolutionsstrategien (ES).

Evolutionäre Algorithmen.
Die Mechanismen der biologischen Evolution sind Vorbild für Algorithmen zur Lösung hochdimensionaler numerischer Optimierungsprobleme in der Technik [Her-00][Her-05][Kah-91][Kos-03][Rec-94][Schw95][Die-09].
In einem einfachen Evolutionären Algorithmus (EA) werden zunächst Kopien eines artifiziellen Startsystems erstellt. Zufällige Modifizierungen führen auf eine Schar von Varianten des Elter-Systems (Variation). MUTANTEN und ELTER bilden ein gemeinsames Selektionsensemble. In jeder Generation werden alle Variationen des aktuellen Elter mittels einer Zielfunktion bewertet und die Qualität aller Systeme ermittelt (Evaluation). Aus der Schar bewerteter Systeme wird ein neuer, aktueller Elter für die folgende Generation erwählt (Selektion). Mit der Variation dieses Elter-Systems setzt sich die Kampagne fort. Auf diese Weise kann die Qualität des Ensembles von Generation zu Generation steigen. Evolutionäre Algorithmen sind lokale Suchverfahren für hochdimensionale Qualitäten-räume und untersuchen den Phänotyp eines Zielsystems. Der Code dieser Algorithmen ist sehr kompakt. Zu den Evolutionären Algorithmen (EA) zählen die Genetischen Algorithmen (GA) und die Evolutionsstrategien (ES). Letztere sind Gegenstand der weiteren Beachtungen.

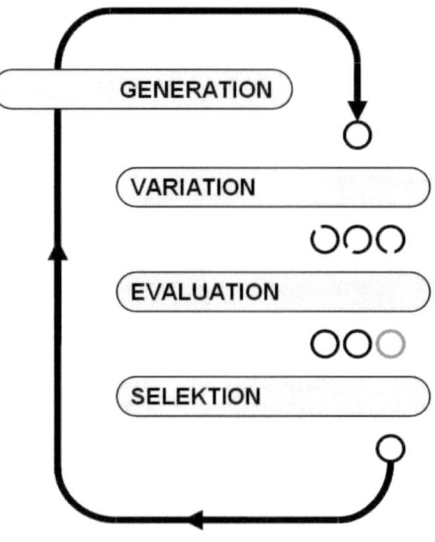

Lokale Suchalgorithmen mit Adaption solidierter Fortschrittspektren umgehen das Problem der exponierten Datenhaltung mit einer bemerkenswerten Eleganz. Den operativen Kern des „Fortschritt-Spektren-Adaptation (FSA)" genannten Verfahrens bilden ...

- Transformation von Prozessdaten in ihren Spektralbereich, ihre ...
- Weiterverarbeitung, Analyse und Kompression und eine ...
- nachfolgende Rücktransformation in den Funktionsbereich des Optimierungsprozesses.

Die Filterung eines Signals im Spektralbereich entspricht einer Faltung im Funktionsbereich [Mef-04]. In der Praxis der Regelungstechnik zielt eine spektrale Filteung darauf ab, eine höhere Signifikanz des Signals zu erreichen. In Simulationsexperimenten mit hochdimensionalen Qualitätsfunktionen kann gezeigt werden, dass in einem Optimierungsprozess sich Operationen im Spektralbereich, beispielsweise die Datenkompression oder Filterung, das Unterdrücken der hochfrequenten Anteile des solidierten spektralen Fortschritts, positiv auf die Konvergenz im Optimierungsverlauf auswirken. Einer Theorie der Fortschritt-Spektren-Adaptation wird die Aufgabe zukommen zu erklären, weshalb dem so ist. Im Vorfeld einer Theorienbildung sind jedoch Surveystudien qualitativer Art und erste quantitative Aussagen über das Konvergenz-verhalten von lokalen Suchalgorithmen mit Fortschritt-Spektren-Adaptation nützlich. Auf dem heutigen Stand der Entwicklung der FSA-Strategieentwicklung können wir lediglich vermuten, dass es sich strategisch auszahlt, mit der Weiterverarbeitung des vektoriellen Fortschritts in dessen Spektralbereich eine Art Generalisierung der Zufallszahlenverteilung bei der Variantenbildung im Funktionsbereich anzustoßen.

Ausentwicklung des Kernalgorithmus. Gegenstand rezenter Forschung an der Beuth Hochschule für Technik Berlin auf dem Gebiet der FSA- Algorithmen (Fortschritt-Spektren-Adaptation) sind erste Optimierungsexperimente und Konvergenzuntersuchungen an ausgewählten Modellfunktionen. In den Voruntersuchungen legten Testläufe den Schluss nahe, dass eine Generalisierung der Zufallszahlenverteilung des vektoriellen Fortschritts offenbar zu einer Trajektierung der Variantenbildung während der Optimierung führt (dazu weiter unten mehr). Anfangs war keineswegs klar, dass das hin- und hertransformieren von Prozessdaten, das Weiterverarbeiten im Spektralbereich und letztendlich die fortschreitende „Entstochasti-sierung" der Zufallszahlenverteilung während der Optimierung hinsichtlich des Deklarations- und Algorithmischen Aufwands zu rechtfertigen ist. Als ein unbeabsichtigt guter Griff stellt sich dabei die verwendete Programmiersprache heraus, in der die rezenten Algorithmen der Weiterverarbeitung des vektoriellen Fortschritts in seinem Spektralbereich entwickelt werden. In der c-basierten Programmiersprache SciLab, einem freeware-MATLAB-Derivat, sind die „Kosten" der Variablendeklararition, der Datenhaltung und des Programieraufwands einer Konditionierung und Variantenverteilung über Spektral-Trajektorien gering, denn für die Transformation des Fortschrittsvektors in den Spektralbereich und eine in jeder Generation stattfindende Rücktransformation in seinen jeweiligen Funktionsbereich stehen bis auf die Ebene numerischer Machbarkeit hin optimierte Algorithmen zur Verfügung.
Des Weiteren erwarten wir für Algorithmen in dieser Programmierumgebung in näherer Zukunft einen veritablen Geschwindigkeitszuwachs. Neuste Entwicklungen bei der Verschränkung von Grafikkartenhardware und Optimalcode (CUDA, openGL, GPGPU-Verfahren) setzen genau hier an: Künftig sollen leistungsstarke Grafik-Prozessoren zur Berechnung von grafikfremden Inhalten intensiv genutzt werden. Der Code (C, Matlab) der Fouriertransformationen ist in besonderem Maße einer Parallelisierung und Verarbeitung in vielkernigen Grafikkarten zugänglich und stellt damit eine erhebliche Reduzierung der Berechnungszeit in Aussicht. Derzeit sind die parallelisierenden Algorithmen allerdings noch nicht Stand der Programmierpraxis (Freakphase der Algorithmenentwicklung).

Konventionelle Algorithmen. Dennoch ist, auch ohne Zugriff auf die GPU-Rechenkapazität, das hier vorgestellte Verfahren der Integration der Variablenvergangenheit für das lokale Suchverfahren sehr effizient: die Ähnlichkeitsvariation der Objektvariablen ist komplementär gegenüber der diskreten Variablenvergangenheit in einer Generation.
Eine möglichst effiziente Evaluation aller Simulationsprozessinformationen gelingt, weil jeder Generation in einer iterativen Optimierungskampagne der Optimierungsfortschritt (Progress ($\mathbf{p}$)) inhärent ist. Dieser Vektor ist temporär und kann ohne zusätzlichen Speicherbedarf aus der Differenz der vorangegangenen und der rezenten Vektoren der Objektvariablen zweier erfolgreicher Optimierungsschritte gewonnen werden:

$$\mathbf{p}(n) = \underline{\mathbf{V}}b(n\text{-}1) - \underline{\mathbf{V}}e(n) \qquad (1)$$

Nach der Qualitätsermittlung, der Evaluation und Selektion, wird der rezente Progress $\mathbf{p}$ aus der Differenz des besten Nachkommen $\underline{\mathbf{V}}b$ und dem aktuellen Elter $\underline{\mathbf{V}}e$ ermittelt. Der Vektor $\underline{\mathbf{V}}b$ geht in der Generation (n-1) aus der Nominierung des besten Nachkommen zum Elter $\underline{\mathbf{V}}e$ der neuen Generation (n) hervor; der Algorithmus ist in [Die09-6] näher beschrieben.
In der Optimierungspraxis taucht genau hier für Untersuchungen an Modellproblemen mit hochdimensionalen Qualitätslandschaften typisches Verhalten auf: Das Optimierungsproblem konvergiert, der Algorithmus präzisiert und folgerichtig können die absoluten Zahlenwerte des

rezenten Progresses $\underline{p}$ sehr klein werden [Die09-7]. In diesen Fällen liefert die Fouriertransformierte $\underline{S}`(n)$ über den rezenten Progress $\underline{p}(n)$ keine stabilen Werte mehr; also:

$$\underline{S}`(n) = FT\{ \ p(\Delta V(n)) \ \}, \quad \text{mit } (\underline{\Delta V}(n) = \underline{V}b(n-1)\text{-}\underline{V}e(n) \sim \underline{0}$$

Für Strategienentwickler stellt das Präzisieren der Optimierungsalgorithmen im Konvergenzgrund und damit die Resorption der absoluten Zahlenwerte des rezenten Progresses $\underline{p}$ ein unbedingtes Gut dar. Die Beobachtung der materiellen Zahlenwerte der hochdimensionalen Qualitätsfunktion während der Optimierungslaufzeit liefert die Information für eine Kontrolle der Entwicklung des rezenten Progress $\underline{p}(n)$. Eine Lösung dieses Problems bietet nun folgender Ansatz: Die materielle, vektorielle Änderung des Fortschrittspektrums der Generation (n), die Fouriertransformierte $\Delta\underline{Sp}(n)$ ist ein spektraler Gradient, also

$$\Delta\underline{Sp}(n) = \underline{Sp}(n\text{-}1) - \underline{Sp}(n) = \Delta\ [\ FT\{\ (Vb(n\text{-}1))\ \}\ , FT\{\ (Ve(n))\ \}\ ] \quad (2)$$

In Optimierungsstrategien, die Varianten über lokale (Ähnlichkeits-) Variationen generieren, kommen entweder eine individuelle vektorielle Variationsschrittweite $\underline{\delta}(n)$ der Generation (n) oder eine skalare, global für alle Vektorkomponenten gleiche Variationsschrittweite $\delta(n)$ mit der der Zufallszahlenvektor gewichtet wird, zur Anwendung.

$$\underline{V}(n+1) = \underline{V}(n) + \underline{\delta}(n)\ \underline{Z} \quad (3)$$

Der Term $\underline{\delta}(n)\ \underline{Z}$ ist der mit der individuellen vektoriellen Variationsschrittweite $\underline{\delta}(n)$ der Generation (n) gewichtete Zufallszahlenvektor $\underline{Z}$ der Dimension (m). Das (vektorielle) Spektrum der Zufallszahlenverteilung ist:

$$\underline{Sr}(n) = FT\{\ (\underline{Z}(n))\ \} = \underline{Sr}(n,m) \quad (4)$$

Der spektrale Gradient $\Delta\underline{Sp}(n)$ und der vektorielle Zufallsspektrum $\underline{Sr}(\underline{r}n)$ besitzen beide die Dimension des Objektvariablenvektors der Optimierungsaufgabe. Auf spektraler Ebene sind sie superponierbar und einer Weiterverarbeitung zugänglich.

$$\underline{Svar}(n,m) = \gamma p\ \Delta\underline{Sp}(n,m) + \gamma r\ \underline{Sr}(n,m) \quad (5)$$
$$\text{VARIATION} \qquad\qquad \text{PROGRESS} \qquad\qquad \text{RANDOM}$$

In einem ersten einfachen Ansatz bilden wir die (spektrale) Variation $\underline{Svar}(n,m)$ aus der Summe der spektralen Intensitäten des Gradienten $\Delta\underline{Sp}(n,m)$ und der vektoriellen Verteilung $\underline{Sr}(n,m)$. Um die Gewichtung dieser Summe zu einem späteren Zeitpunkt einem Selektionsdruck auszusetzen, lässt sich der Term mit den Formfaktoten γp und γr parametrisieren. Hier, auf der Ebene der (Frequenz-) Spektren, sind die Signale einer informationellen Weiterverarbeitung zugänglich. Die Gleichwertigkeit der allgemeinen Signalbeschreibung in einem Originalbereich und einem Spektralbereich lässt sich aus der rezibroken Natur orthogonaler Transformation ableiten [Mef -04].

Fouriertransformation $\qquad\qquad \underline{S}(n,m) = \mathbf{FT}\{\ (\ \underline{V}(n,m)\ )\ \} \quad (6)$
inverse Transformation $\qquad\quad \underline{v}(n,m) = \mathbf{iFT}\{\ (\ \underline{S}(n,m)\ )\ \}$

Mit einer orthogonalen Rücktransformationen wird das Signal vom Spektralbereich (Transformationsbereich) in den Ortsbereich (Objektbereich) rückübertragen: $var(n,m)=iFT\{(\underline{Svar}(n,m))\}$. In der Nomenklatur der Lokalen Suchalgorithmen [Die09-6] [Die09-7] folgt die Variantenbildung:

$$\underline{V}(n+1) = \underline{V}(n) + \delta\ (n)\ iFT\{\ (\ \underline{Svar}(n,m)\ )\ \} \quad (7)$$

Zusammenfassung und Implementierung. Strategien mit globaler, mutativer Variations-schrittweite $\delta(n)$ gelten als besonders robust, sind universell einsetzbar und repräsentieren so genannte „einfachste lokale Suchalgorithmen". Algorithmen mit generationsübergreifender Informationsausnutzung (Richtungslernen, Präteritumstrategie, Covarianz-Matrix-Adaption, Erzeugendensystem-Adaption) besitzen in jeder Generation (n) einen, den Zufallszahlenvektor konditionierenden Vektor, der seinerseits global (RL, P-ES) oder individuell (CMA, ESA, und ggf. P-ES) mit der Dimension des Objektvariablenvektors angesetzt wird. Die hier vorgestellte Strategie (FSA) gewinnt die gerationsübergreifende Informationen aus der Analyse des vektoriellen Optimierungsfortschritts (PROGRESS) und adaptiert auf spektraler Ebene indem sie diesen mit einer vektoriellen Zufallszahlenverteilung verschränkt. Eine orthogonale Rücktransformation in den Bildbereich der Objektvariablen generiert eine mutative Variations-verteilung in jeder Generation der Optimierung. Nachfolgend ist eine Implementation des Lokalen Algorithmus mit Fortschrittspektrenadaption (FSA) in der C-basierten Programmier-sprache SCILAB dargestellt.

Schaubild: 1, SciLab-Code einer Evolutionsstrategie mit Fortschritt-Spektren-Adaptation (FSA).

```
function e =FSA_030(Gen,Mu,dim);
//##############################################################################
// Basis: RE (1,L)-EvolutionsStrategie / globale SchrittweitenSteuerung
// Adaption der ProgressSpektren (FSA). Vers.:030 mit Signalverarbeitung im Spektralbereich
//##############################################################################
clear all; gfreq=100; count=0;                                    // global
pivot = (dim*10/100)/1;breek=0; // best  elter  mutant            // Konvergenz [pph]
d=1e-1; alfa = 1.3;              db =d; de =d; dm =d;             // Schrittweite
qsto=zeros(1,Gen); q=1e12;       qb =q; qe =q; qm =q;             // Qualität
Spec=zeros(1,dim); pSpec=Spec; zSpec=Spec; veSpec=Spec; vbSpec=Spec; varSpec=Spec; //
a=1.0; b=1.0;   e=1.0; f=10.0;                                    // Modus Solidierung
v= abs(10.0*rand(1,dim,'uniform'));                              // gvert.
v= MUSTER_002(dim,10,5);      vb= v;  ve= v;  vm =v; var=v; // StartMuster
for g=1:Gen                                                      // Gen..begins
  for m=1:Mu                                                     // Mu..begins
    z=rand(dim,1,'normal');                                     // nvert.ZZ
    if rand()<0.50,dm=de/alfa; else dm=de*alfa; end;           // (gliobal) SW
    zSpec = real(fft(z));                                       // in Spec ..begins
    for i=1:dim varSpec(i) = e*zSpec(i) + f*pSpec(i); end;      // SpecProcessing
    var=real(ifft(varSpec));                                    // inSpec .. ends; iFFT
    vm=ve + dm*var;                                             // Mutation
    qm = Rosenbrock(vm);                                        // Evaluation. Q-Function
    if qm<qb,qb=qm;vb=vm;db=dm; end;                           // Elektion  KOMMA-Strategie
  end;                                                          // Mu..ends
    veSpec= real(fft(ve)); vbSpec= real(fft(vb));              // FFT
    pSpec=(vbSpec-veSpec);                                      // Progress
  qe=qb; ve=vb; de=db;  qsto(g)=qe;                            // Erben
  count=count+1; if count==gfreq, count=0;                     // konfig. Darstellung
  Eval_SHO_Q(dim,g,Gen,qsto);  end;                           // Zeigen
   if qb<pivot, if breek==0, breek=g; end; end;               // Konvergenz
end;                                                          // Gen..ends
 e=breek;
endfunction;
```

Experimente an Modellfunktionen. Die Anforderungen an eine neu zu entwickelnde Optimierungsstrategie sind im Grunde genommen leicht zu formulieren: schneller hinsichtlich der Konvergenz, einfacher im Code, robuster als Algorithmen vom Stand der Wissenschaft und Technik sowie universell in der Anwendung. Theoretisch.
In der Optimierungspraxis ist jedoch die reine Lehre eher die Ausnahme. Hier arbeiten die Entwickler an speziellen, problemspezifischen Lösungsansätzen und Nischen-Strategien. So zielt auch die Strategieentwicklung im Rahmen der rezenten Forschungsvorhaben der Bionic Research Unit der Beuth-Hochschule für Technik Berlin derzeit auf Algorithmen zur Optimierung hochdimensionaler komplexer Systeme, insbesondere der Berechnungen der Verformung elastischer Strömungskörper (finite element method, FEM) des zugehörigen Strömungsgebietes (computational fluid dynamics, CFD) und der Kopplung der Simulation in einem gemeinsamen Ansatz (fluid structure interaction, FSI) [Kre-08-1] [Kre-08-2]. Den Anwendungsaufgaben ist die Forderung nach einer restriktiven Minimierung der Zahl der Simulationsberechnungen gemein [Curb01]. Entwickelt werden sollen Strategien, die nach möglichst wenigen Funktionsaufrufen konvergieren, genügsam sind hinsichtlich der generierten Zahl selektionsfähiger Varianten, gleichzeitig aber eine nicht geringe Zahl von (Ziel-) Objektvariablen bearbeiten.

Nachfolgend wird das Konvergenzverhalten einfachster Implementationen von Evolutions-strategien (gES) mit globaler mutativer Schrittweitensteuerung und Fortschrittspektren adaptierender Algorithmen (FSA) gegenübergestellt. Als Testfunktionen dienen Potenzreihen (Tabelle 1). Die Zahl der Funktionsaufrufe in jeder Generation ist begrenzt.

Tabelle 1.   **Testfunktionen für Optimierungsexperimente. Linie, Ebene, Kubus, Sphäre.**
$Q = \Sigma \, F(x)$ ➔ Min.

```
function q=Line(x);  q=0.0; dim=length(x); for i=1:dim q=q+abs((dim/i)-x(i)^1);   end;  endfunction;

function q=pane(x);  q=0.0; dim=length(x); for i=1:dim q=q+abs((dim/i)-x(i)^2);   end;  endfunction;

function q=cube(x);  q=0.0; dim=length(x); for i=1:dim q=q+abs((dim/i)-x(i)^3);   end;  endfunction;

function q=spac(x);  q=0.0; dim=length(x); for i=1:dim q=q+abs((dim/i)-x(i)^4);   end;  endfunction;
```

Die zu entwickelnden Fortschrittspektren adaptierenden Algorithmen (FSA) sollen die sprichwörtliche Robustheit einfachster Evolutionsstrategien besitzen [Rec-94] [Sche85], so dass auf Multipopulationsansätze, insuläre Optimierung und höhere Nachahmungsebenen (Rekombin-ation) von Strategien nach dem Vorbild der biologischen Evolution [Her-05] verzichtet werden kann. Zur Anwendung kommen $(1, \lambda)$-Strategieansätze mit globaler Mutationsschrittweite, wie [Rec-94] [Die09-3].

Die erste qualitative Gegenüberstellung der Modellrechnung CUBE(100) (kubische Reihen-entwicklung mit 100-dimensionalem Objektvariablenvektor) des hier beschriebenen Lokalen Algorithmus mit Fortschritt-Spektren-Adaptation (FSA) mit einer klassischen Evolutionsstrategie globaler Mutationsschrittweitensteuerung (gES) zeigt nun folgendes Ergebnis: Die Qualitäts-funktion q des Lokalen Algorithmus mit FSA ist offenbar in der Frühen Phase der Optimierungskampagne bevorteilt. Die Verarbeitung der gerationsübergreifenden Informationen führt zu einer höheren Orientiertheit, die sich insbesondere dann, wenn das Optimierungsproblem noch schlecht strukturiert ist (Frühe Phase der Optimierung) auszahlt (Abb.3). Mit fortschreitender Optimierung konvergiert die klassische Evolutionsstrategie besser.

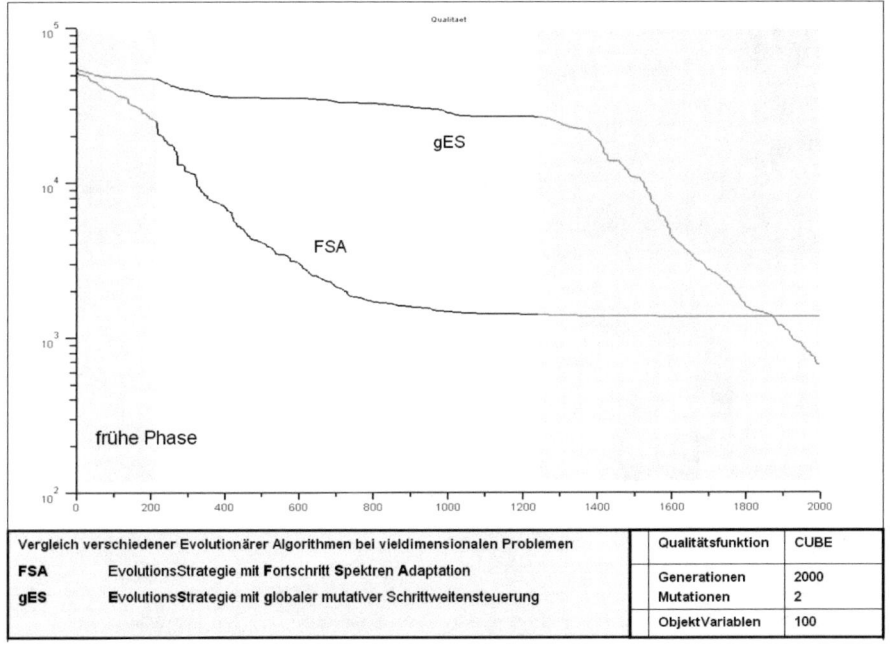

Vergleich verschiedener Evolutionärer Algorithmen bei vieldimensionalen Problemen		Qualitätsfunktion	CUBE
FSA	EvolutionsStrategie mit **Fortschritt Spektren Adaptation**	Generationen	2000
gES	EvolutionsStrategie mit globaler mutativer Schrittweitensteuerung	Mutationen	2
		ObjektVariablen	100

Abb.3: Modellrechnung CUBE (kubische Reihenentwicklung mit 100-dim Objektvariablenvektor) mit einen lokalen Algorithmus mit Fortschritt-Spektren-Adaptation (FSA) und einer klassischen Evolutionsstrategie globaler Mutationsschrittweitensteuerung (gES).

Die zeitliche Entwicklung der Objektvariablen. Ein Analysekennwert bei der Beobachtung des Optimierungsprozesses ist die Differenz der Objektvariablenvektoren zwei auf einander folgenden Generationen, der Progress des lokalen Algorithmus (Gleichung (1)). Ein Prozessmonitoring nutzt die Manhattan- Distanz als der spezielle Fall ersten Grades (γ =1) einer allgemeinen „Norm" über die Vektoren Vb und Ve. Es sind:

Allgemeine Norm:	norm $(\underline{Vb},\underline{Ve})$ = [Σ [$\underline{V}b(n-1) - \underline{V}e(n)$]^ γ] ^(1/γ)
Manhattan Distanz:	dist,M $(\underline{Vb},\underline{Ve})$ = Σ [$\underline{V}b(n-1) - \underline{V}e(n)$]
Euklidische Distanz:	dist,E $(\underline{Vb},\underline{Ve})$ = [Σ [$\underline{V}b(n-1) - \underline{V}e(n)$]^2] ^(1/2) (8)

Die Manhattan-Distanz repräsentiert den Summenwert über die lokalen Distanzen zweier Vektoren. Der Entwicklungsfortschritt pro Generation in einem Optimierungsprozess ist dann umso höher, je größer diese Distanzen sind. Die Norm 2. Grades (mit γ = 2) über die Vektoren Vb und Ve heißt euklidische Distanz (Form (8)) und ist strukturell mit der Varianz über einen Differenzenvektor verwandt. Wenn genügend Informationen über die Entwicklung zweier Vektoren vorliegen, ist die euklidische Distanz der Vektoren Vb und Ve ein effizientes Kriterium für die Güte des lokalen Progress.

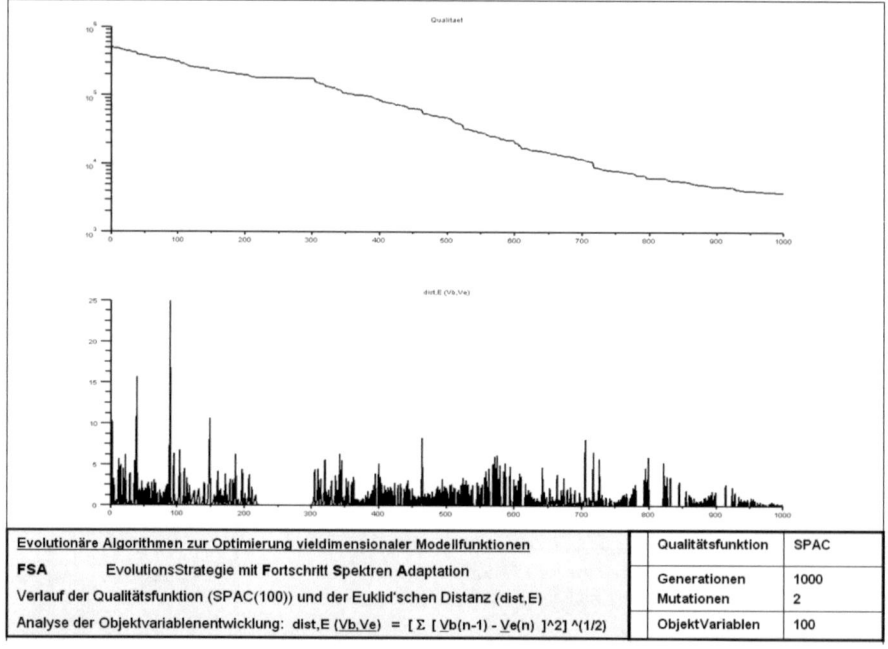

Evolutionäre Algorithmen zur Optimierung vieldimensionaler Modellfunktionen	Qualitätsfunktion	SPAC
FSA EvolutionsStrategie mit Fortschritt Spektren Adaptation	Generationen	1000
Verlauf der Qualitätsfunktion (SPAC(100)) und der Euklid'schen Distanz (dist,E)	Mutationen	2
Analyse der Objektvariablenentwicklung: dist,E (Vb,Ve) = [Σ [Vb(n-1) - Ve(n)]^2] ^(1/2)	ObjektVariablen	100

Abb.4:   Modellrechnung SPAC (biquadratische Reihenentwicklung mit 100-dimensionelem Objektvariablenvektor) mit einen lokalen Algorithmus mit Fortschritt-Spektren-Adaptation (FSA) und Monitoring der Objektvariablenentwicklung mit der Euklidischen Distanz.

Die Modellrechnung (Abb.4) zeigt den typischen Verlauf einer Optimierungskampagne über eine biquadratische Reihenentwicklung mit 100-dimensionelem Objektvariablenvektor für eine Evolutionstrategie mit Verarbeitung der gerationsübergreifender Informationen. Die Norm 2. Grades über die Objektvariablenentwicklung besitzt in der „frühen Phase" der Kampagne ihre Maximalwerte, hat jedoch für die SPAC-Funktion nicht die Anfangsbeschleunigung, die in den linearen, quadratischen, und kubischen Testfunktionen (siehe Abb. 6) zu beobachten ist. Das Strategieparadigma der Fortschritt-Spektren-Adaptation (FSA) führt formal zu einer Entstochastisierung. Dennoch, auch eine FSA-Strategie ist ein Lokaler Algorithmus, dessen Variantenbildung über Zufallsprozesse erfolgt.

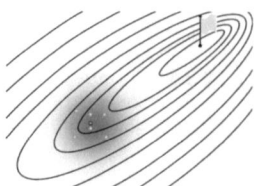 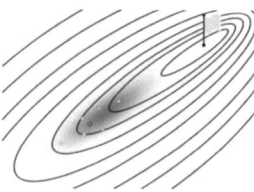

Abb. 5:
Schematische Darstellung der Mutationsverteilung eines Lokalen Algorithmus ohne (links) und mit Entstochastisierung der Variantenbildung.

Vielmehr bewirkt die Multiplikation mit der (rücktransformierten) spektralen Progressfunktion (Form (7)), welche ja stochastische Bestandteile enthält, eine Verzerrung der Mutations-verteilung. Für den Fall einer zweidimensionalen Qualitätsfunktion darf man sich diesen Vorgang wie in (Abb. 5) schematisch dargestellt, denken. In der Verzerrung der Mutationsverteilung besteht die Adaptionsleistung der Strategie.

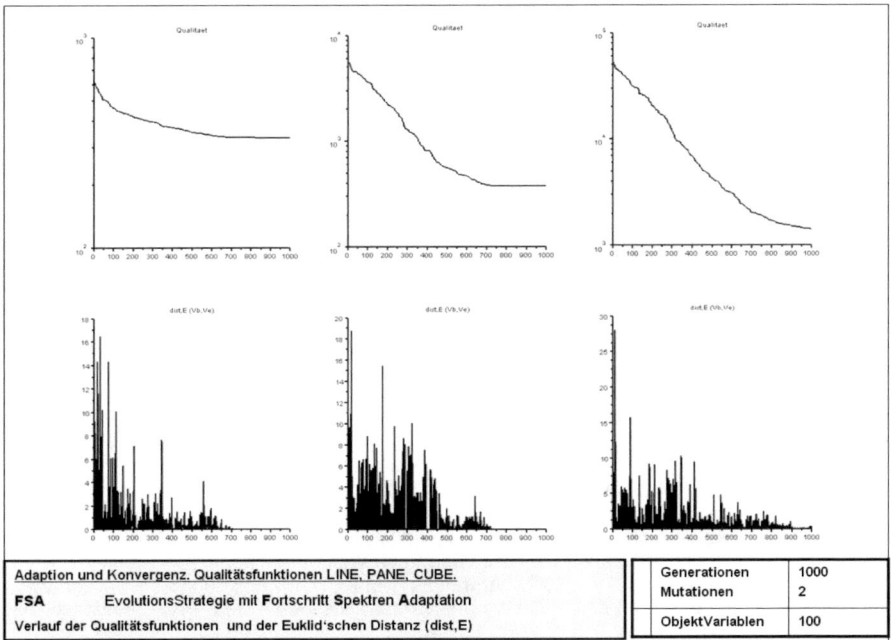

Adaption und Konvergenz. Qualitätsfunktionen LINE, PANE, CUBE.				Generationen	1000
FSA	EvolutionsStrategie mit Fortschritt Spektren Adaptation			Mutationen	2
Verlauf der Qualitätsfunktionen und der Euklid'schen Distanz (dist,E)				ObjektVariablen	100

Abb.6: Modellrechnung mit den Testfunktionen Linie, Ebene, Kubus, Sphäre ($Q=\Sigma\ F(x)$ ➜ **Min**.) mit einen lokalen Algorithmus mit Fortschritt-Spektren-Adaptation (FSA) und Monitoring der Objektvariablenentwicklung mit der Euklidischen Distanz.

Um die Wirkungsweise der Adaption des Spektrums des Fortschritts der Objektvariablen-entwicklung zu zeigen, sind in den Diagrammen des Qualitätsverlaufs über eine Optimierungs-kampagne (Abb. 4 und Abb.6) ihre Euklidischen Distanzen dargestellt. Der Effekt ist insbesondere in der Frühen Phase der Optimierungskampagne stark. In der Optimierungspraxis wäre deshalb ein Algorithmus wünschenswert, der das Strategieparadigma der Frühen Phase: „orientiere die Mutationsverteilung am Fortschrittspektrum", zu Gunsten einer stochastischen Variantenbildung in der Konvergenzphase der Optimierung aufgibt. Für derart bezüglich der Strategieparadigmen hybride Strategieansätze sind jedoch Studien an möglichst durch-parametrisierten Algorithmen erforderlich. Wir setzen unsere Forschung dahingehend fort.

Bibliographie und weiterführende Literatur

[Die09-8]   Dienst, Mi.(2009) Synthetische Muster für lokale Suchalgorithmen. GRIN-Verlag GmbH München. ISBN (E-Book): 978-3-640-49616-7, ISBN: 978-3-640-49633-4

[Die09-7]   Dienst, Mi.(2009) Algorithmen zur Musterverarbeitung in Optimierungsstrategien nach dem Vorbild der biologischen Signaltransduktion. GRIN-Verlag GmbH München. ISBN (E-Book): 978-3-640-49615-0, ISBN: 978-3-640-49632-7

[Die09-6]   Dienst, Mi.(2009) Fortschrittsspektren in lokalen Suchalgorithmen. GRIN-Verlag GmbH München. ISBN: 978-3-640-48784-4.

[Die09-3]   Dienst, Mi.(2009) Artifizielle Evolution Heute. Optimieren nach dem Vorbild der Natur. GRIN-Verlag GmbH München. ISBN: 978-3-640-39858-4. ISBN (E-Book): 978-3-640-39834-8

[Die09-1]   Dienst, M., (2008) Musterverarbeitung in Optimierungsstrategien nach dem Vorbild der biologischen Signaltransduktion. In Forschungsbericht 2008/2009 der BHT Berlin, S. 160-163. Publikationen der Beuth Hochschule für Technik Berlin. ISBN 978-3-938576-20-5.

[Die07]   Dienst, M., (2007) Genesetransformation. Adaption der Transformationscharakteristiken. In Forschungsberichte 2007 der TFH Berlin, S. 166-171. Publikationen der Technischen Fachhochschule Berlin. ISBN 978-3-938576-07-3

[Die-06]   Dienst, M., (2006) Eine Optimierungsumgebung für Genesetransformationen. In Forschungsberichte 2006 der TFH Berlin, S. 115-117. Publikationen der Technischen Fachhochschule Berlin. ISBN 3-938576-07-3

[Die-05]   Dienst, M., (2005) Genesetransformation. Ein Algorithmus zur Synthese von Signalen nach dem Vorbild der biologischen Musterbildung. In Forschungsberichte 2005 der TFH Berlin, S. 190–193. Publikationen der Technischen Fachhochschule Berlin. ISBN 3-938576-04-9

[Han-98]   Hansen, N. (1998) Verallgemeinerte individuelle Schrittweitenregelung in der Evolutionsstrategie. Dissertation, Technische Universität Berlin 1998.

[Her-00]   Herdy, Michael, (2000) Beiträge zur Theorie und Anwendung der Evolutionsstrategie. Mensch und Buch Verlag, Berlin.

[Her-05]   Herdy, Michael, (2005) Anwendung der Evolutionsstrategie in der Industrie. In Evolution zwischen Chaos und Ordnung. S. 123 – 138. Freie Akademie Verlag, Bernau.

[Kos-03]   Kost, Bernd, (2003) Optimierung mit Evolutionsstrategien. Harri Deutsch Verlag, Frankfurt a. M.

[Kre-08-1] B. Krebber, H.-D. Kleinschrodt und K. Hochkirch: (2008) Fluid-Struktur-Simulation zur Untersuchung intelligenter Mechanik von Fischflossen. ANSYS Conference & 26. CADFEM Users´ Meeting, ISBN-3-937523-06-5

[Kre-08-2] B. Krebber und H.-D. Kleinschrodt: i-mech: (2008) Untersuchung der intelligenten Mechanik von Fischflossen mit Hilfe von FSI-Simulation. In Forschungsassistenz IV der Technischen Fachhochschule Berlin, Hrsg.: R. Thümer und G. Görlitz, Oktober 2008, S. 94-97, ISBN 978-3-938576-11-3

[Mef-04]   Meffert, B., Hochmut, O. (2004) Werkzeuge der Signalverarbeitung. Pearson-Studium, München.

[Ost-97]   Ostermeier, A. (1997) Schrittweitenadaptation in der Evolutionsstrategie mit einem entstochastisierten Ansatz. Diss. Technische Universität Berlin 1997.

[Rec-94]   Rechenberg, Ingo, (1994) Evolutionsstrategie. Frommann Holzboog Verlag Stuttgart- Bad Cannstatt.

[Sche-85]   Scheel, Armin (1985) Beitrag zur Theorie der Evolutionsstrategie. Dissertation, TU Berlin.

[Schw-95]   Schwefel, H.–P. (1995) Evolution and Optimum Seeking. John Wiley & Sons. New York.

Kontakt:
Dipl.-Ing. Michael Dienst
Beuth Hochschule für Technik Berlin,
BIONIC RESEARCH UNIT / FB VIII, Maschinenbau
Luxemburger Str. 10,
D - 13353 Berlin-Wedding

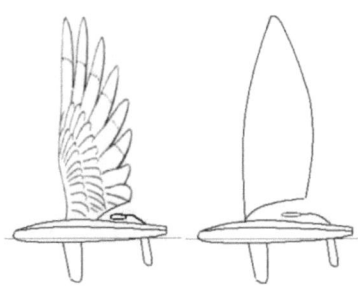

Bionik- Forschung an der Beuth-Hochschule für Technik, Berlin (BHT)

Die Bionik ist eine in die Zukunft weisende, interdisziplinäre Wissenschaft. Sie erfreut sich an unserer Hochschule bei Studierenden und Lehrenden einer außergewöhnlichen Beliebtheit. Die Bionik wird seitens der Industrie, der Wirtschaft und der bundesdeutschen Bildungs- und Forschungspolitik als eine der Schlüsselkompetenzen der folgenden Dekade angesehen. Den hohen Erwartungen an diese junge Wissenschaft trägt die Beuth Hochschule für Technik Berlin mit einer, im besonderem Masse auf Bionik-Forschung fokussierten Fachgruppe für Bionik, der **Bionic Research Unit**, Rechnung.

Die Bionik untersucht Phänomene der belebten und unbelebten Natur mit dem Ziel, universale Gestaltungsprinzipien auf Technik zu übertragen. Dies gilt in besonderem Maße für Optimierungsverfahren nach dem Vorbild der biologischen Phylogenese. Phylogenetische Algorithmen werden in der Optimierungspraxis zur Lösung komplexer, hochdimensionaler Probleme eingesetzt.

Die Bionic Research Unit der Beuth Hochschule für Technik Berlin untersucht und entwickelt im Rahmen rezenter hochschulinterner Forschungsvorhaben Phylogenetische Algorithmen für den Einsatz in komplexen Simulationsumgebungen, wie beispielsweise der Strukturanalyse mit der Methode der Finiten Elemente (FEM) oder der computerunterstützten Strömungssimulation (CFD).

In einer „Frühen Phase" der Strategieentwicklung sollten die avisierten Optimierungsmethoden neutral sein gegenüber potentiellen Anwendungsgebieten und Aufgabenstellungen. Die Berechnungszeit bleibt jedoch die kritische Größe bei der computergestützten Strukturanalyse und Strömungssimulation und gibt allen Strategieentwicklungen ein übergeordnetes Forschungsziel vor, das in der Reduzierung der Anzahl relevanter (Simulations-) Funktionsaufrufe liegt. Die in diesem Aufsatz beschriebenen **adaptiven** phylogenetischen Algorithmen werden vor dem Hintergrund einer minimalen Anzahl von zu untersuchenden Varianten entwickelt.

Mi. Dienst, Berlin im Januar 2010